Ranjit Singh

Determinação automática da linha de partição para peças fundidas sob pressão

Ranjit Singh

Determinação automática da linha de partição para peças fundidas sob pressão

ScienciaScripts

Resumo

A determinação da linha de partição para peças fundidas sob pressão é um processo muito fastidioso e moroso. Por vezes, mesmo um engenheiro de fundição injetada experiente tem dificuldade em selecionar uma linha de partição para peças com geometria complexa. Este livro apresenta uma abordagem sistemática para a determinação de linhas de partição para peças de fundição sob pressão e propõe uma metodologia para automatizar o mesmo. A abordagem apresentada neste livro começa por determinar as superfícies moldadas por núcleo, moldadas por cavidade e d moldadas por corecavidade a partir do ficheiro STL da peça. As características do corte inferior são então identificadas com base na oclusão e no raciocínio da capacidade de moldagem. Subsequentemente, as regiões das linhas de partição são encontradas a partir das superfícies moldadas por cavidade central, utilizando os conhecimentos de conceção de moldes de fundição. O efeito das características do corte inferior também é tido em conta para identificar a região da linha de separação. Finalmente, a linha de partição de uma peça fundida é determinada utilizando as boas práticas seguidas na indústria de fundição injetada. Os resultados do sistema são semelhantes aos obtidos na indústria. O sistema proposto constituiria um passo importante para a integração da conceção e do fabrico da fundição injetada.

Palavras-chave: fundição injetada, conceção de ferramentas, região de corte inferior, região de linha de separação, núcleo lateral, linha de separação

ÍNDICE DE CONTEÚDOS:

CAPÍTULO 1
Introdução

1.1. FUNDAMENTOS DA FUNDIÇÃO INJECTADA

A fundição injectada é um processo em que o metal fundido preenche o espaço vazio entre as metades do núcleo e da cavidade de um molde. Após a solidificação do metal, a matriz é aberta e a peça sólida fundida sob pressão é retirada da matriz. A direção em que o molde se abre é designada por direção de corte (PD). A direção de separação é basicamente a direção do movimento da metade do núcleo do molde e é designada por *direção de separação positiva*.

A direção oposta ao movimento da metade do núcleo é conhecida como *direção de corte negativa*. O local onde as partes da tampa e do ejetor de um molde se encontram é designado por *linha de partição*. A linha de partição aparece como uma projeção fina de material na superfície da peça. Algumas das regiões geométricas da peça fundida sob pressão, que não podem ser moldadas na direção de corte, são conhecidas como *rebaixos*.

A moldagem destas regiões requer uma ferramenta metálica separada denominada *núcleo lateral*. A Figura 1.1 apresenta um diagrama da matriz de fundição injectada, juntamente com a nomenclatura.

A qualidade de uma peça de fundição injectada é essencialmente determinada pela matriz de fundição injectada. Assim, a conceção de uma matriz de fundição injetada é um processo crucial da fundição injetada. Envolve a seleção da direção de corte, a determinação da linha de corte, a conceção da disposição das cavidades, a conceção dos canais, etc. A conceção de uma matriz de fundição injetada compreende várias fases e requer muito tempo [1]. Na prática convencional, a conceção de matrizes de fundição injetada envolve muita perícia humana. Além disso, baseia-se principalmente no método de tentativa e erro com pouca ou nenhuma automatização. O método de tentativa e erro, utilizado para projetar uma matriz de fundição injetada, resulta geralmente num prazo de entrega mais longo e num aumento do custo das peças fundidas [2].

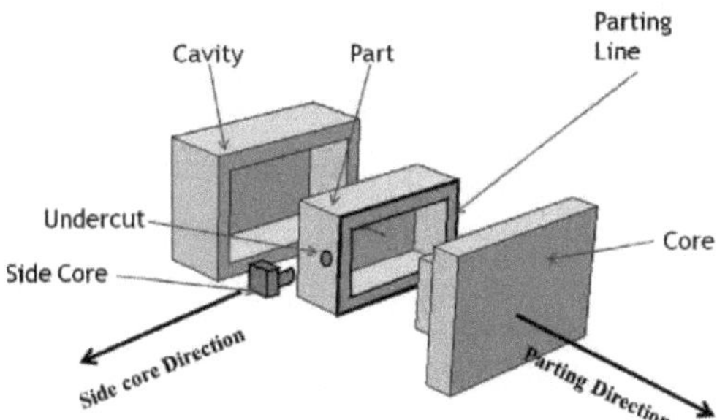

Figura 1.1: Matriz de fundição injectada com nomenclatura [3]

Uma das actividades que consome mais tempo na conceção de uma matriz de fundição injetada é a determinação da linha de partição [4]. Isto deve-se ao facto de muitos parâmetros contraditórios terem de ser optimizados antes de se selecionar a linha de partição para uma peça de fundição injetada. Por conseguinte, é necessário um sistema que permita automatizar o processo de determinação da linha de partição. Isto reduziria o tempo de execução do projeto de uma matriz de fundição injetada. O presente trabalho de investigação incide sobre a determinação automatizada da linha de partição. Neste trabalho de investigação, foi proposta uma metodologia para a determinação da linha de partição. Alguns dos termos e definições importantes utilizados no presente trabalho de investigação são abordados nos parágrafos seguintes.

1.2. TERMINOLOGIA DE BASE UTILIZADA NO LIVRO

Faceta é uma superfície triangular que faz parte de uma superfície tesselada.

A faceta central é uma faceta com visibilidade local na direção positiva da DP.

A faceta cavidade é uma faceta com visibilidade local na direção negativa de PD.

Faceta de cavidade central!A superfície de cavidade central é uma faceta/superfície que é visível tanto na direção positiva como na direção negativa da PD. Isto é possível quando a normal de uma faceta é perpendicular à direção de partição. Como o mapa de visibilidade de uma faceta é um hemisfério, pode ser visível em direcções opostas entre si, como as direcções de partição positiva e negativa no caso da *faceta núcleo-cavidade.*

A região convexa é a região de um modelo de peça que é acessível a partir de qualquer par de direcções opostas. Por conseguinte, uma região convexa não pode fazer parte de um corte inferior [5]-.

A região não convexa é a região de uma peça que não pertence à *região convexa* e que pode apresentar obstruções na direção de corte, formando assim um provável rebaixo. As facetas são classificadas em facetas *convexas* ou *não convexas* consoante a região a que pertencem, ou seja, *convexa* ou *não convexa*.

Faceta ocluída é uma faceta que está sobreposta por outra(s) faceta(s) numa dada direção. *Região da linha de partição* (PLR) é uma superfície do núcleo-cavidade ou uma parte da superfície do núcleo-cavidade através da qual podem passar linhas de partição candidatas.

1.3. ORGANIZAÇÃO DO LIVRO

O resto do livro está organizado da seguinte forma. A literatura anterior relacionada com o presente trabalho de investigação, juntamente com as lacunas de investigação e os objectivos do trabalho de investigação proposto foram apresentados no Capítulo 2. O Capítulo 3 explica o procedimento de identificação das características do corte inferior. A metodologia para determinar as regiões das linhas de partição é explicada no Capítulo 4. O Capítulo 5 apresenta o procedimento de determinação das linhas de corte utilizando as regiões de linhas de corte. A arquitetura do sistema é apresentada no Capítulo 6. A implementação e os resultados do sistema proposto são discutidos no Capítulo 7. O Capítulo 8 descreve as conclusões retiradas do presente trabalho, bem como o âmbito do trabalho futuro.

CAPÍTULO 2
Revisão da literatura

Este capítulo apresenta o resumo do trabalho de investigação sobre a determinação da linha de partição para o projeto de matrizes de fundição injetada. A seleção da linha de partição é afetada pela direção de partição e pela presença de características de corte inferior, pelo que também foi incluída alguma literatura sobre a determinação da direção de partição e a deteção de cortes inferiores.

Direção de corte - A seleção da direção de corte é geralmente efectuada pelo técnico de moldagem. Os parágrafos seguintes apresentam algumas das investigações sobre a seleção automática da direção de corte.

Hui e Tan [6] apresentaram um algoritmo para o projeto de moldes. O algoritmo utiliza a operação de varrimento para obter o núcleo e a cavidade do molde e utiliza a técnica de pesquisa heurística para selecionar a direção de corte. Uma série de pontos de malha em cada superfície é utilizada para estimar o fator de bloqueio. O valor do fator de bloqueio indica a quantidade de rebaixamento na direção de corte candidata. As direcções do núcleo lateral são seleccionadas utilizando a verificação do bloqueio do núcleo lateral.

Chen [7] apresentou um algoritmo para determinar a direção de corte. O algoritmo depende da caixa de ligação de volume mínimo para o modelo 3-D da peça. São seleccionadas três direcções de corte ortogonais como direcções de corte candidatas. Foi utilizada uma representação difusa para selecionar a melhor direção de corte com base no fator de bloco, na distância de desenho e na área projectada na direção de corte candidata.

Yin et al. [8] propuseram uma metodologia para a análise da capacidade de moldagem de peças com forma quase-rede. Os cones de liberdade são utilizados para identificar os rebaixos externos e internos e a direção de corte ideal com um número mínimo de rebaixos.

Priyadarshi e Gupta [9] desenvolveram uma metodologia para automatizar o projeto de moldes metálicos permanentes de várias peças. O algoritmo determina a direção de corte para um modelo facetado verificando a acessibilidade de uma faceta na direção

7

de corte candidata. As regiões das peças do molde são então detectadas. A linha de partição é o limite das regiões das peças do molde.

Khardekar et al. [10] apresentaram um algoritmo para encontrar as direcções viáveis de corte do molde utilizando um modelo tesselado da peça. A visibilidade das facetas é calculada utilizando hardware gráfico. O algoritmo também detecta as características do corte inferior e efectua a análise do esboço. A direção sem rebaixos é determinada utilizando os algoritmos de intersecção Quad tree e Convex hull.

Reconhecimento da caraterística do corte inferior - A identificação de cortes inferiores é necessária para a geração de linhas de corte. Os parágrafos seguintes lançam alguma luz sobre trabalhos anteriores relativos à deteção de cortes inferiores.

Fu et al. [11] desenvolveram um algoritmo para a geração de uma direção de corte óptima com base no número mínimo de elementos de corte inferior em peças moldadas por injeção. Os elementos de corte inferior são categorizados com base na conetividade com a superfície alvo e na sua informação geométrica.

Lu et al. [12] propuseram uma metodologia para detetar elementos de interferência e a direção de libertação em componentes fundidos sob pressão e moldados por injeção. O indicador do elemento de interferência, que é uma contagem do número de raios de um ponto de teste que embatem no corpo do componente, é utilizado para reconhecer o elemento de interferência ou o rebaixo.

Ye et al. [13] apresentaram uma metodologia para o reconhecimento automático de características de corte inferior para a conceção de núcleos laterais. O método baseado em grafos é utilizado para o reconhecimento de características a partir de um modelo B-rep de uma peça. Os cortes inferiores são classificados como cortes inferiores isolados e em interação. A teoria da visibilidade é aplicada para encontrar a direção de libertação de um núcleo lateral. Os núcleos laterais são criados através do corte das caixas delimitadoras. No entanto, a caraterística do corte inferior com uma das suas superfícies como parte de outra superfície independente não pôde ser reconhecida utilizando a metodologia proposta.

Yin et al. [14] apresentaram uma metodologia para a análise geométrica da aptidão do molde, abordando questões como a determinação da linha de partição, a deteção de cortes inferiores, etc. O limite comum das regiões moldadas do núcleo e da cavidade é considerado como a linha de separação. Os cortes inferiores são reconhecidos a partir de características côncavas utilizando o método de reconhecimento de características baseado no volume. No entanto, a aplicação do sistema limita-se a peças poliédricas com um loop de aresta máximo.

Nee et al. [15] propuseram um sistema para a determinação da direção de corte no projeto de moldes de injeção de plástico. A direção de corte que maximiza o número de cortes inferiores que podem ser moldados pelo núcleo e pela cavidade é selecionada como a melhor direção de corte. Os cortes inferiores são classificados como cortes inferiores externos e internos, que são ainda classificados como cortes inferiores internos e externos. No entanto, a aplicação do sistema limita-se a peças que têm um loop de bordo exterior único.

Zhang et al. [16] propuseram uma metodologia para a determinação da direção do corte inferior e da direção do corte em peças moldadas com superfícies de forma livre. A representação da região côncava (CR-rep) é construída a partir do modelo B-rep para extrair depressões e saliências. As depressões e saliências são definidas com base na CR-rep e na continuidade (C° e C^1).

Bassi et al. [17] apresentaram um sistema para reconhecer características de saliência e depressão, bem como características de intersecção de depressão. O sistema começa por classificar as faces da peça com base na acessibilidade. Depois disso, as características são classificadas com base na geometria, topologia e acessibilidade. São utilizadas operações booleanas de varrimento e regularizadas para analisar as faces. O sistema também apresenta uma metodologia para determinar a direção de libertação de elementos de corte inferior.

Parting HneScNcvdX Foram feitas tentativas para a determinação e seleção automáticas da linha de partição. Nos parágrafos que se seguem, é apresentada alguma da literatura relacionada.

Ravi e Srinivasan [18] apresentaram os critérios para selecionar uma linha de partição para uma peça com base em nove critérios, tais como a área projectada da peça, a planicidade da linha de partição, a distância de tração, o calado, a estabilidade dimensional dos rebaixos, o flash, etc. Este critério só é útil para selecionar uma linha de partição entre as linhas de partição candidatas disponíveis, mas não pode ser utilizado para gerar uma linha de partição.

Tan et al. [19] propuseram um esquema para a geração de linhas de partição e superfícies de partição de peças moldadas por injeção. O esquema proposto é capaz de determinar a linha de partição e a superfície de partição para peças poliédricas com saliências nas superfícies externas, mas é insuficiente para lidar com superfícies de forma livre.

Weinstein e Manoochehri [20] apresentaram uma metodologia para gerar uma linha de corte óptima, tendo em conta os critérios de manufacturabilidade e de custo da peça. A linha de corte é gerada utilizando mapas em V da peça. A abordagem limita-se a peças com superfícies planas apenas e peças sem cortes inferiores.

Majhi et al. [21] propuseram critérios de planeza para calcular a linha de partição para poliedros convexos. No entanto, o algoritmo proposto não consegue lidar com poliedros não convexos.

Nee et al. [22] utilizaram o critério do número mínimo de cortes inferiores e do seu volume para determinar a direção e a linha de corte. Foi selecionado como linha de partição o laço externo único. O sistema proposto não é capaz de gerar uma linha de partição para peças que não tenham um loop externo único.

Wong et al. [4] desenvolveram uma metodologia para a geração de linhas de corte através do corte do modelo CAD da peça com planos paralelos à direção do corte. Os cortes inferiores são detectados através do teste de linhas de grelha e do teste de intersecção de colunas. Critérios como a planicidade, a distância de tração, a área projectada, etc., são utilizados para selecionar a melhor linha de corte. Uma vez que a linha de partição é gerada com base no corte do modelo CAD, pode não corresponder à prática real de fundição injetada.

Fu et al. [23] aplicaram a visibilidade da superfície e a capacidade de moldagem para gerar linhas de partição para peças fundidas sob pressão e moldadas por injeção. A linha de partição é determinada através da identificação do laço do bordo exterior da peça. No entanto, em muitos casos, o laço do bordo exterior da peça pode não resultar numa linha de partição única.

Zhao [24] propôs um algoritmo iterativo de crescimento de superfície para a capacidade geométrica do molde para peças moldadas por injeção. O algoritmo pode ser aplicado a superfícies de forma livre, mas não é capaz de lidar com linhas de partição divididas.

Li et al. [25] propuseram um sistema para a geração de linhas de partição suaves utilizando modelos de malha. A linha de separação gerada pelo sistema baseou-se apenas em cálculos geométricos. Os factores de conceção da fundição injectada não foram considerados. Por conseguinte, a linha de partição gerada pelo sistema pode desviar-se da linha de partição óptima para uma peça.

Madan et al. [26] utilizaram o reconhecimento de características para determinar a direção e a linha de partição de peças fundidas sob pressão. A técnica proposta para a seleção da linha de partição é aplicável a peças de fundição injetada complexas, mas as peças com superfícies de forma livre não foram consideradas.

Kumar et al. [27] propuseram um método para o reconhecimento da superfície de corte das peças moldadas. Foi utilizada a técnica do gráfico de adjacência de faces de poliedros para reconhecer cortes inferiores completamente visíveis e parcialmente visíveis. Um conjunto de direcções de corte candidatas foi introduzido no sistema para gerar a superfície de corte. Foram utilizados critérios como o número mínimo de rebaixos, a planura da linha de partição e a distância de desenho para selecionar uma superfície de partição óptima.

Chakraborty e Reddy [5] propuseram um sistema em que a seleção da melhor direção de corte e das melhores superfícies de corte se baseava nos factores do número mínimo de cortes inferiores, da planicidade da superfície de corte e da profundidade de tração. Utilizou a tesselação da peça para incluir superfícies de forma livre.

Khardekar e McMains [28] apresentaram uma metodologia para calcular a linha de partição quase plana que passa através de facetas verticais de um modelo CAD tesselado. A metodologia proposta calcula a linha de partição tendo em conta apenas o fator da altura do desenho, ignorando outros factores de influência.

Depois de analisar a literatura sobre trabalhos de investigação anteriores, foram identificadas algumas lacunas de investigação que foram discutidas na secção seguinte.

2.1. LACUNAS NA INVESTIGAÇÃO

A partir da revisão da literatura, conclui-se que a maioria dos investigadores considerou peças com uma única linha de partição viável. No entanto, isto só acontece em algumas peças fundidas sob pressão quando as superfícies do núcleo e da cavidade se encontram em todos os lados da peça. Mas, na prática atual, a maior parte das peças fundidas sob pressão têm superfícies de núcleo-cavidade que permitem a existência de muitas linhas de partição viáveis. Alguns dos investigadores [5 e 28] consideraram a presença de superfícies de núcleo-cavidade nas peças fundidas sob pressão para determinar a linha de partição, mas isso não é suficiente devido às razões descritas a seguir.

- A presença de rebaixos nas superfícies do núcleo-cavidade afecta a localização da linha de separação, uma vez que o rebaixo tem de ser localizado no lado do núcleo da matriz e este aspeto não foi considerado anteriormente.
- A divisão da linha de separação quando esta encontra um corte inferior não foi considerada.

2.2. OBJECTIVOS DO PRESENTE TRABALHO

O sistema apresentado neste livro é uma tentativa de colmatar as lacunas da investigação que foram discutidas nos parágrafos anteriores. O sistema proposto pode lidar eficazmente com estas questões, que foram discutidas nos parágrafos seguintes

- Foram tratadas peças de fundição sob pressão com superfícies de cavidade central.
- Foi proposto o reconhecimento de características de corte inferior a partir de um modelo tesselado.
- Os cortes inferiores presentes nas superfícies da cavidade do núcleo da peça foram tidos em conta.
- As linhas de partição viáveis foram consideradas para identificar a mais adequada, utilizando o conceito de Região de Linha de Partida (PLR).
- Foi considerada a separação das linhas de corte quando estas encontram um corte inferior.

- O sistema também é capaz de gerar uma linha de corte através de uma superfície de forma livre.

A identificação dos cortes inferiores é necessária para tomar decisões sobre a seleção da linha de corte. A próxima secção deste livro trata da identificação das características do corte inferior.

CAPÍTULO 3

Identificação de cortes inferiores

Como definido anteriormente, os cortes inferiores são características geométricas numa peça que não são moldáveis na direção de corte selecionada. Assim, os cortes inferiores requerem uma ferramenta separada chamada núcleo lateral, o que aumenta o custo do molde, para além de aumentar o tempo de processamento da moldagem. Além disso, a presença de características de rebaixamento torna a determinação da linha de corte fastidiosa e demorada. Por conseguinte, a presença de rebaixos é indesejável. Por esta razão, para uma dada direção de corte, a linha de corte é selecionada de modo a que haja um número mínimo de rebaixos. Com base na sua localização, os cortes inferiores podem ser divididos em cortes inferiores externos e internos [13].

3.1. DECLARAÇÃO DO PROBLEMA

O algoritmo proposto para a identificação de cortes inferiores é composto por quatro etapas principais que são discutidas nos parágrafos seguintes.

3.2. CLASSIFICAÇÃO DAS FACETAS

As facetas da peça são classificadas como faceta do núcleo, faceta da cavidade e faceta do núcleo-cavidade. Esta classificação baseia-se no produto escalar (DP) da normal voltada para o exterior da faceta ηi e da direção de corte q, ou seja, $DP\_\eta.\eta i$. Se $DP>0,05$, a faceta é uma faceta de núcleo, se $DP <-0,05$, a faceta é uma faceta de cavidade e se $-0,05<=DP<=0,05$, a faceta é uma faceta de núcleo-cavidade. O valor de 0,05 e $-0,05$ corresponde à tolerância nas facetas curvas da superfície cilíndrica quando a direção de corte é ao longo do eixo do cilindro.

É um facto conhecido que a normal da superfície do cilindro é perpendicular ao eixo do cilindro. Isto resulta na visibilidade da superfície curva em ambas as direcções. Mas as facetas de uma superfície curva de um cilindro existem em pares de facetas viradas para cima e para baixo.

Assim, para acomodar estas facetas nas facetas da cavidade do núcleo, foi prevista uma tolerância de 3° de cada lado da normal da superfície do cilindro, que é também normal à direção de corte. A figura 3.1 ilustra um exemplo de faceta, a sua normal e a direção de corte.

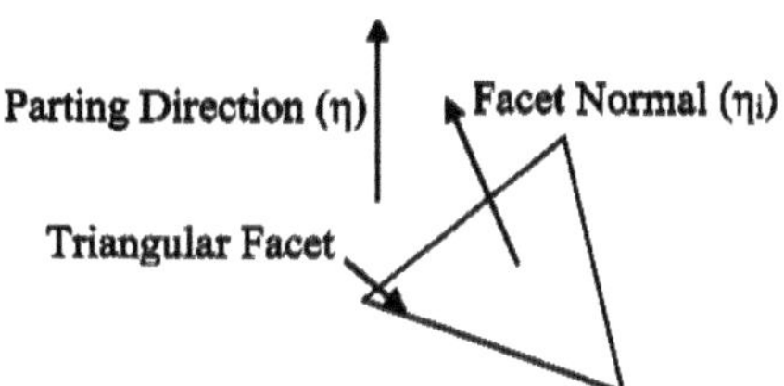

Figura 3.1: Ilustração do produto escalar da normal da faceta e da direção de corte

3.3. DETERMINAÇÃO DE REGIÕES NÃO CONVEXAS DA PEÇA

As regiões não convexas da peça formam prováveis regiões de corte inferior. Para começar, as facetas não convexas são encontradas utilizando a metodologia descrita por [5]. Uma faceta é definida como não convexa se $\vec{\eta}\cdot(\vec{v_{ij}}/|\vec{v_{ij}}|) > 0$, onde $\vec{\eta}$ é a PD dada, $\vec{v_{ij}}$, e $|\vec{v_{ij}}|$ são os vectores da faceta i^{th} para a faceta j^{th} e as suas magnitudes, respetivamente. Isto foi demonstrado com a ajuda da Figura 3.2. As facetas não convexas que têm arestas de fronteira comuns são então agrupadas para identificar regiões não convexas. Verifica-se que as facetas que fazem parte de uma região não convexa têm visibilidade numa direção comum [5].

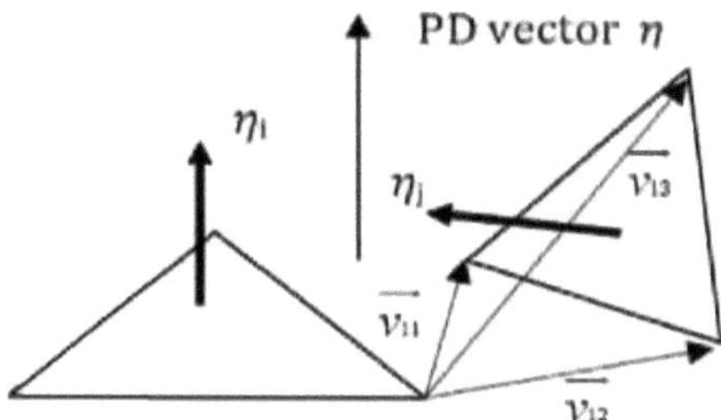

Figura 3.2: Verificação da convexidade de uma faceta em relação à outra [5]

3.4. IDENTIFICAÇÃO DE CORTES INFERIORES EM REGIÕES NÃO CONVEXAS

Os cortes inferiores são extraídos de regiões não convexas através da determinação da oclusão de uma faceta com outras facetas. A oclusão mútua de uma faceta é verificada com a ajuda do algoritmo de subdivisão de áreas e calculando a sua posição relativa na direção de corte selecionada [29]. São tomadas duas facetas para a verificação da oclusão, uma das quais é marcada como a faceta alvo. A verificação da oclusão é efectuada para os rectângulos delimitadores das facetas. O retângulo delimitador de uma faceta é a extensão máxima dessa faceta em 2-D. Estes rectângulos delimitadores são suficientes para verificar a oclusão, uma vez que as facetas estão dispostas em grupos de duas formando um retângulo.

Pode haver quatro relações entre as facetas seleccionadas para verificação da oclusão. A primeira relação é *"superfície circundante"*, o que significa que a faceta alvo está a rodear a outra faceta.

O segundo caso é o de *"superfície sobreposta"* e, neste caso, parte da faceta alvo está a sobrepor-se à outra faceta. O terceiro caso é o de "superfície interior", em que a faceta alvo se encontra no interior da outra faceta. A quarta relação é a de "superfície exterior", que corresponde à faceta alvo que se encontra completamente fora da outra faceta.

Estes quatro tipos de relações entre as facetas foram ilustrados com a ajuda da figura 3.3. A verificação da oclusão é considerada positiva se a superfície alvo circundar ou se sobrepuser ou estiver dentro da outra superfície.

Uma região não convexa que não tenha qualquer oclusão na direção de corte pode ser moldada quer pela metade do núcleo quer pela metade da cavidade do molde. A verificação da oclusão foi efectuada apenas nas facetas da região não convexa que formam prováveis cortes inferiores. A identificação das depressões e saliências é apresentada nas secções seguintes.

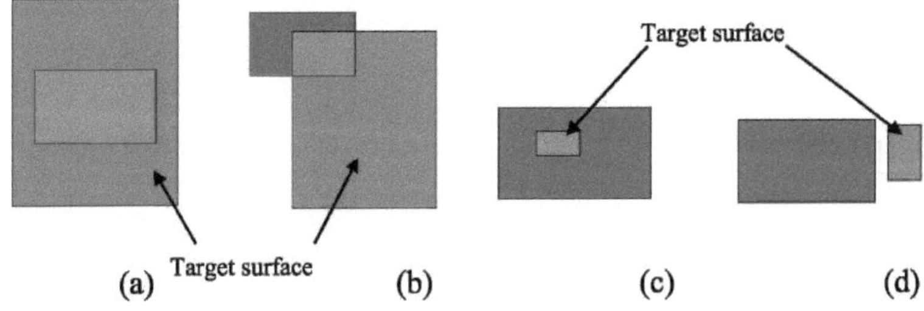

Figura 3.3: Relação entre superfícies com base na oclusão (a) superfície circundante (b) superfície sobreposta (c) superfície interior e (d) superfície

exterior

3.5. CLASSIFICAÇÃO DOS CORTES INFERIORES

Depois de identificadas as regiões de corte inferior da peça, estas têm de ser classificadas em depressões e saliências. Isto é feito com base na posição relativa da faceta alvo e da outra faceta, com a qual a oclusão foi encontrada. Para o determinar, o vértice mais afastado da peça ao longo da direção de corte é tomado como ponto de referência.

O ponto mais afastado tem as coordenadas ($Xmax$, Y_{max} e $Zmax$) e é determinado a partir dos dados dos vértices do ficheiro STL da peça.

Se a faceta mais próxima do ponto de referência for uma faceta de cavidade, a região do corte inferior será uma caraterística de depressão. A região de corte inferior em que a faceta mais próxima do ponto de referência é uma faceta de núcleo, forma uma caraterística de saliência. A metodologia para classificar as regiões de corte inferior é ilustrada na Figura 3.4.

O algoritmo de identificação e classificação das regiões de corte inferior também foi explicado com a ajuda do diagrama de fluxo de informação apresentado na figura 3.5. A complexidade temporal do pior caso para o algoritmo de identificação de cortes inferiores é dada por $O(n^2)$.

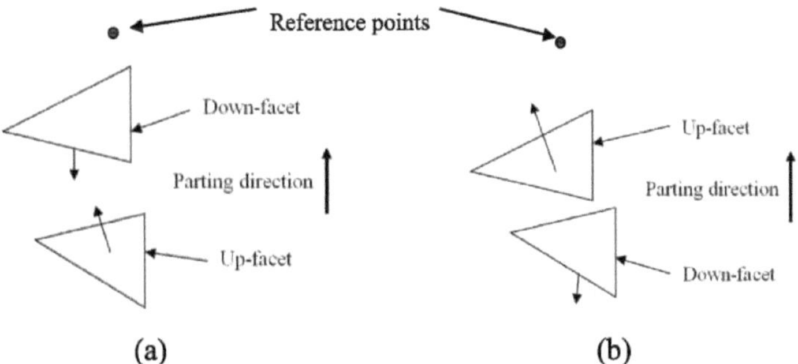

Figura 3.4: Classificação da região do corte inferior (b) depressão e (a) saliência

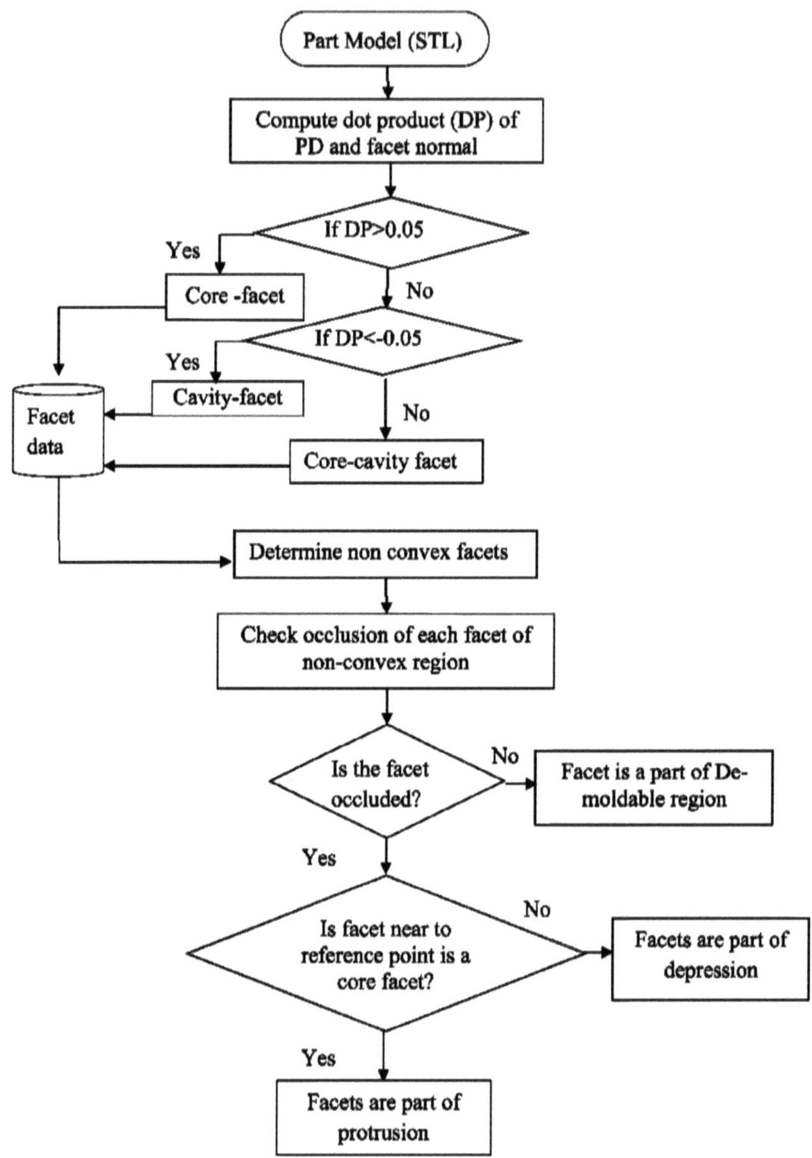

Figura 3.5: Diagrama de fluxo de informação para identificação de regiões de corte inferior

CAPÍTULO 4

Determinação das regiões da linha de separação

A presença de superfícies de núcleo-cavidade na peça fundida aumenta o número de alternativas viáveis de linhas de corte. Esta região, constituída por facetas da cavidade central onde existem múltiplas alternativas, é conhecida como Região da Linha de Corte (PLR).

A Região da Linha de Corte numa superfície de cavidade central depende de factores como a geometria da superfície da cavidade central e a presença de características de rebaixamento. Nos parágrafos seguintes, é explicada uma metodologia para a determinação da região da linha de partição, que tem em conta os factores de influência acima mencionados.

4.1. Região de linha de partição para uma superfície de cavidade de núcleo sem rebarbas

No caso de uma superfície núcleo-cavidade sem rebarbas, a linha de partição pode situar-se em qualquer ponto da superfície. Nesse caso, toda a superfície do núcleo-cavidade faz parte da região da linha de partição.

4.2. Divisão da curva limite do rebaixamento em núcleo e cavidade HALF

De acordo com a prática de fundição sob pressão, um corte inferior não pode ser colocado na metade da cavidade do molde. Pode ser colocado na metade do núcleo ou pode ser dividido em duas metades. Uma das duas metades pode ser colocada no núcleo e a outra na cavidade.

O limite da caraterística de rebaixo com a superfície do núcleo-cavidade é primeiro identificado. Este limite é então dividido em segmentos do núcleo e da cavidade. Parte da fronteira que é visível a partir da direção de corte é identificada como o lado do núcleo da fronteira, enquanto a outra metade pertence à metade da cavidade. A Figura 4.1 (a) apresenta uma superfície núcleo-cavidade com um rebaixo.

Quando se faz referência a esta figura, o segmento da fronteira do rebaixo, que é visível do lado do núcleo, é apresentado a vermelho, enquanto o segmento que é visível da direção da cavidade é apresentado a verde. Neste caso, os segmentos do núcleo e da cavidade têm pontos finais comuns, o que significa que uma metade do rebaixo é moldada no núcleo e a outra metade é moldada na cavidade. Nalguns casos, pode não existir um ponto final comum dos segmentos de núcleo e de cavidade da curva de contorno. Nesse caso, o rebaixo pode ficar completamente no lado do núcleo da matriz. A Figura 4.1 (b) apresenta um desses casos.

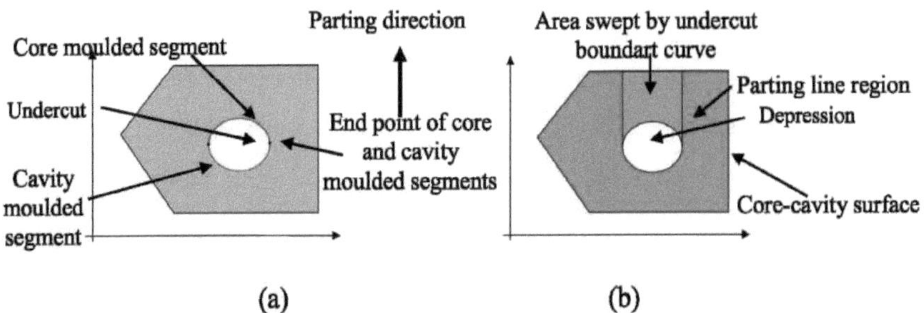

Figura 4.1: Região da linha de partição de uma superfície de cavidade central com uma caraterística de depressão.

4.3. REGIÃO DA LINHA DE SEPARAÇÃO PARA A SUPERFÍCIE DO NÚCLEO-CAVIDADE COM DEPRESSÃO FEATURE

Como já foi referido, a presença de uma depressão na superfície da cavidade do núcleo afecta a região da linha de corte. A curva de fronteira do rebaixo com a superfície da cavidade do núcleo é varrida ao longo da direção de corte positiva. A parte da superfície do núcleo-cavidade que é varrida pela curva limite não é incluída na Região da Linha de Partida.

A Figura 4.1 ilustra um caso de identificação da Região da Linha de Partida a partir de uma superfície do núcleo-cavidade, onde está presente uma depressão. Na Figura 4.2 apresentam-se alguns exemplos de regiões de linhas de partição para superfícies com diferentes formas de depressão.

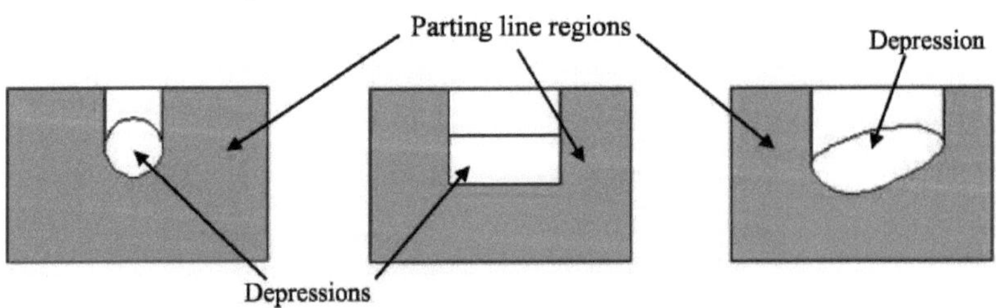

Figura 4.2: Regiões da linha de partição para a superfície da cavidade do núcleo com depressões com curvas de contorno (a) circulares, (b) rectangulares e (c) de forma livre

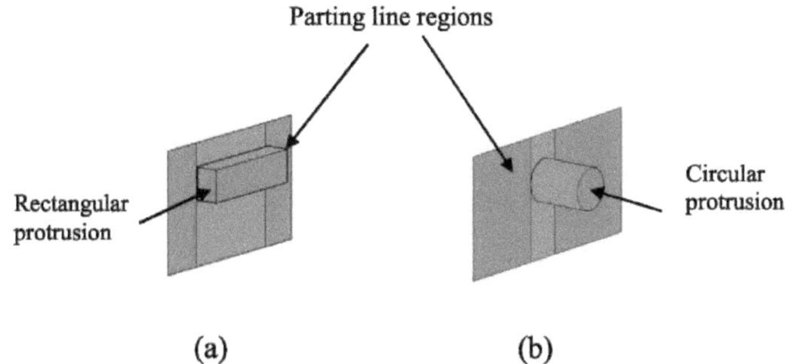

Figura 4.3: Região da linha de separação (a azul) para superfícies de cavidade central com (a) saliência retangular (b) saliência circular.

4.4. REGIÃO DA LINHA DE PARTIÇÃO PARA UMA SUPERFÍCIE DE CAVIDADE CENTRAL COM SALIÊNCIA FEATURE

Quando existe uma saliência na superfície da cavidade do núcleo, a região da linha de partição é obtida excluindo a área varrida pela fronteira do corte inferior nas direcções de partição positiva e negativa.

As regiões da linha de partição para saliências com diferentes formas são ilustradas na figura 4.3. O diagrama de fluxo de informação da metodologia de determinação da região da linha de partição é apresentado na Figura 4.4.

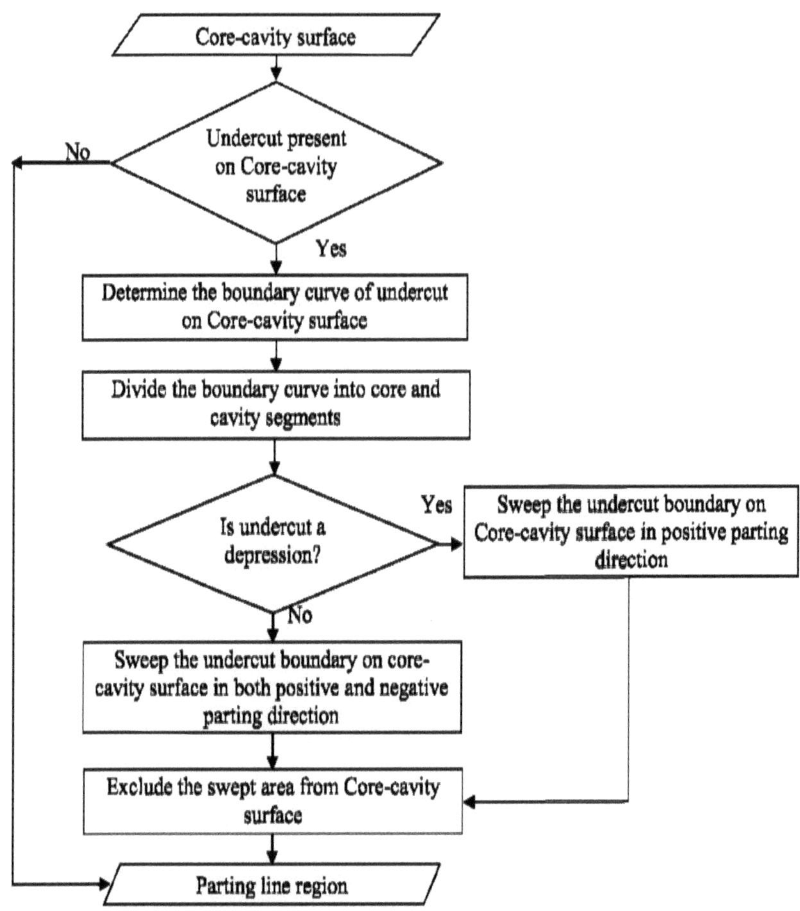

Figura 4.4: Fluxograma para a determinação da região da linha de separação.

CAPÍTULO 5

Determinação da linha de separação

O primeiro passo para determinar a linha de partição de um modelo é descobrir as arestas comuns das facetas moldadas do núcleo e da cavidade. Estas arestas são armazenadas como segmentos de linha de partição.

Se os segmentos de linha de partição, unidos de ponta a ponta, formarem um loop fechado, então este loop é uma linha de partição da peça. Quando não há um loop fechado dos segmentos de linha de partição, então deve haver alguma superfície de cavidade central na peça.

A linha de partição através destas superfícies de cavidade central é gerada utilizando as regiões de linha de partição destas superfícies.

A determinação da linha de partição, que passa através das regiões de linha de partição, envolve os seguintes passos:

1. São encontrados segmentos de núcleo e cavidade da curva limite do rebaixo com a superfície do núcleo e da cavidade. Estes segmentos de núcleo e cavidade são incluídos como segmentos de linha de separação.

2. São determinados os pontos finais dos segmentos do núcleo e da cavidade da curva limite do corte inferior.

3. Os segmentos de linha de partição que são arestas comuns entre as facetas do núcleo e da cavidade são encontrados O segmento de linha de partição é tomado como a aresta inicial da linha de partição.

4. Os pontos finais do segmento do núcleo e da cavidade da fronteira do corte inferior são considerados como a aresta inicial da linha de partição, se não for gerado nenhum segmento de linha de partição.

5. O segmento de linha de partição é percorrido horizontalmente na região da linha de partição.

6. Os pontos finais do segmento do núcleo e da cavidade encontrados na etapa acima são percorridos horizontalmente para criar um segmento de linha de partição na região da linha de partição.

7. As extremidades livres dos segmentos da linha de separação são unidas com a

ajuda de arestas verticais através das regiões da linha de separação.

8. A linha de separação da peça é constituída por uma volta completa da linha de separação, juntamente com as arestas verticais.

O diagrama de fluxo de informação para a metodologia de determinação da linha de partição acima descrita é apresentado na Figura 5.1.

As linhas de partição para diferentes casos da região da linha de partição foram indicadas na Figura 5.2 com a ajuda de linhas a negrito. Para uma superfície de núcleo-cavidade sem rebaixo, a linha de partição situa-se na aresta mais próxima da metade do núcleo, que é efetivamente a aresta superior no caso presente, como se mostra na Figura 5.2 (a).

Para uma superfície de cavidade do núcleo com rebaixo circular, a linha de separação passa pelo centro, como se mostra na Figura 5.2 (b). Isto deve-se ao facto de os segmentos do núcleo e da cavidade da curva de fronteira do rebaixo se encontrarem no meio do perímetro do círculo. A linha de partição para a superfície núcleo-cavidade com rebaixo retangular também foi mostrada na Figura 5.2 (c).

Neste caso, o corte inferior situa-se completamente na metade do núcleo do molde. A Figura 5.2 (d) mostra a linha de partição para a superfície da cavidade do núcleo com uma caraterística de rebaixo com uma curva de contorno de forma livre. A Figura 5.2 (e) mostra também uma superfície de núcleo-cavidade com uma saliência retangular e, neste caso, a linha de partição situa-se no topo da superfície.

A linha de partição para uma superfície de cavidade central com saliência circular é apresentada na Figura 5.2 (f). Observa-se que a linha de partição é colocada de tal forma que a saliência é dividida em duas metades, o que elimina a necessidade de um núcleo lateral.

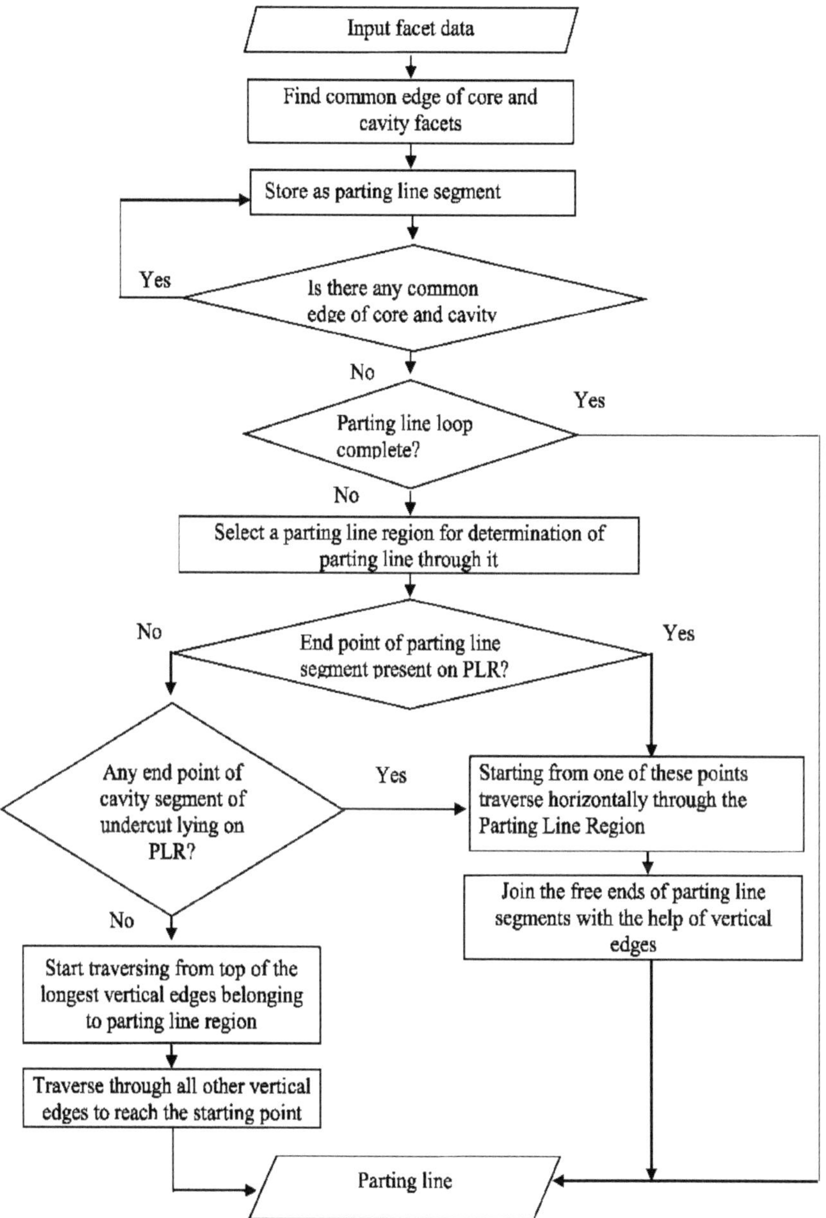

Figura 5.1: Diagrama do fluxo de informação para a determinação da linha de separação

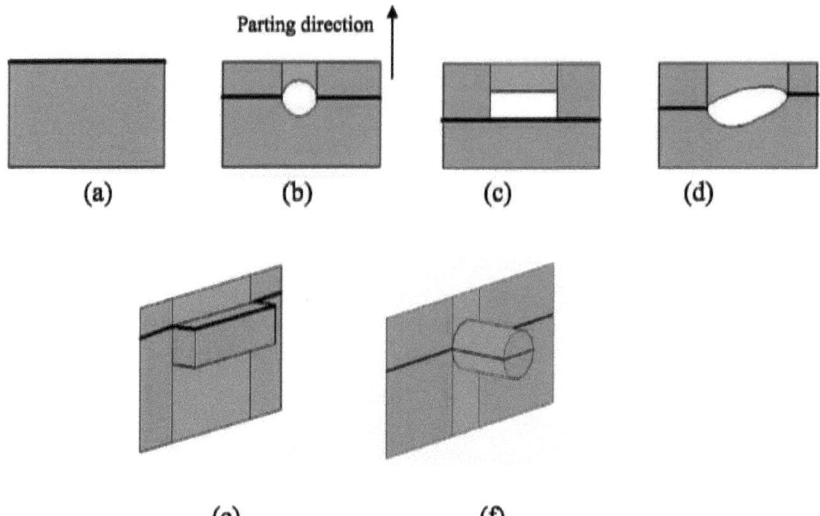

Figura 5.2: Linha de partição para diferentes superfícies do núcleo-cavidade com (a) sem rebaixo, (b) depressão circular, (c) depressão retangular, (d) depressão de forma livre, (e) saliência retangular (f) saliência circular.

CAPÍTULO 6
Arquitetura do sistema

O sistema para a determinação automática da linha de separação tem quatro camadas, nomeadamente a interface do utilizador, o raciocínio lógico e geométrico, a base de dados e a base de conhecimentos. A arquitetura global do sistema é apresentada na figura 6.1 e explicada nos parágrafos seguintes.

A primeira camada do sistema é a camada da interface do utilizador. Esta camada tem dois componentes: a janela de entrada e a janela de saída. Esta camada pede ao utilizador que introduza o ficheiro do modelo da peça. A direção de corte também é tomada como entrada pelo utilizador. Apresenta os dados de entrada juntamente com os resultados do sistema.

O raciocínio lógico e geométrico é o segundo nível do sistema proposto. Esta camada desempenha as funções de identificação de cortes inferiores, determinação das regiões da linha de partição e determinação da linha de partição. Estas funções são realizadas através da utilização de raciocínio lógico e geométrico que foi incorporado no sistema sob a forma de códigos MATLAB.

O sistema é suportado pela camada de base de dados, que é a terceira camada do sistema. Esta armazena o ficheiro STL da peça e a direção de corte, que são entradas para o sistema. A camada da base de dados também armazena os dados gerados durante a execução do programa.

A base de dados do sistema é genérica e não específica da peça. A camada da base de dados de conhecimentos contém conhecimentos sobre o projeto de moldes de fundição sob pressão. Esta camada contém informações sobre práticas e regras industriais que são utilizadas para a conceção de moldes na indústria de fundição injectada.

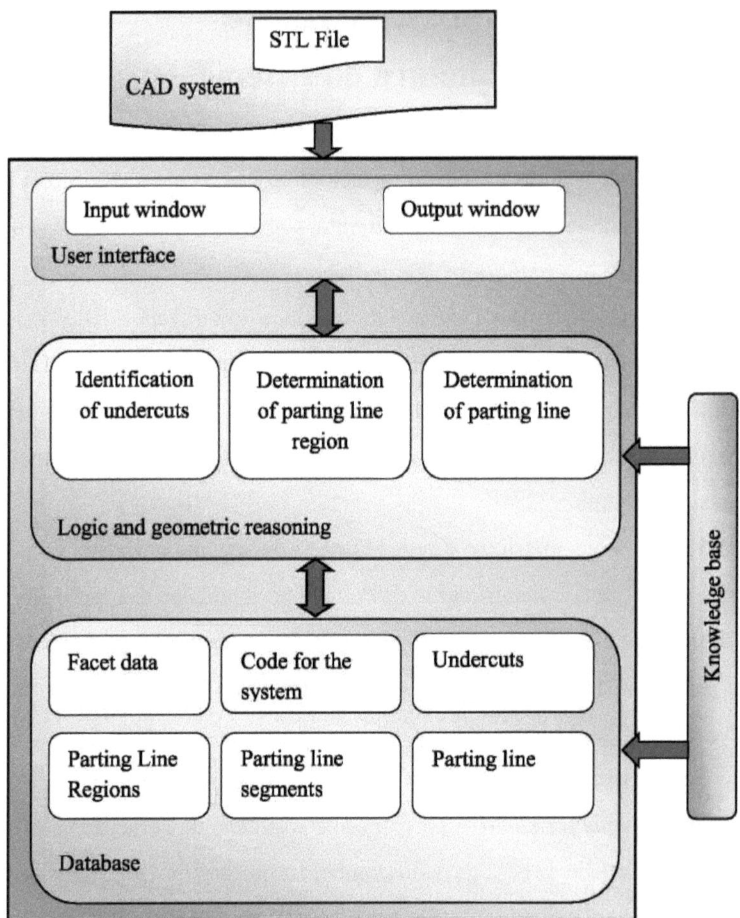

Figura 6.1: Arquitetura do sistema para determinação automática da linha de partição

CAPÍTULO 7

Aplicação e resultados

Foi desenvolvido um sistema para a determinação automática da linha de partição de peças fundidas sob pressão utilizando a plataforma MATLAB 7.0. A metodologia proposta foi testada numa série de peças. Os resultados do sistema, quando implementado em duas peças de exemplo para determinar a sua linha de partição, são discutidos nesta secção.

Para a peça de exemplo 1, que foi mostrada na Figura 7.1 (a), a direção de corte é introduzida pelo utilizador. Para esta peça de exemplo, as faces moldadas do núcleo e da cavidade foram mostradas com cores cinzentas claras e cinzentas escuras, respetivamente. Não existe uma aresta comum entre as faces moldadas do núcleo e da cavidade. Isto deve-se ao facto de as faces núcleo-cavidade estarem presentes em todos os lados da peça, formando uma Região de Linha de Partida.

As faces azuis indicadas na Fig. 14 não são mais do que regiões de linhas de partição. A geração da linha de partição começa com o segmento central da curva de contorno da saliência.

Outros segmentos de linha de partição da peça são também identificados. Este segmento central da curva limite do rebaixo é percorrido na Região da Linha de Partida. Os pontos finais do segmento central da curva limite do rebaixo são percorridos na região da linha de partição. Estes segmentos de linha de partição são depois unidos para formar uma linha de partição completa, que foi mostrada com a ajuda de linhas a negrito na Figura 7.1 (b).

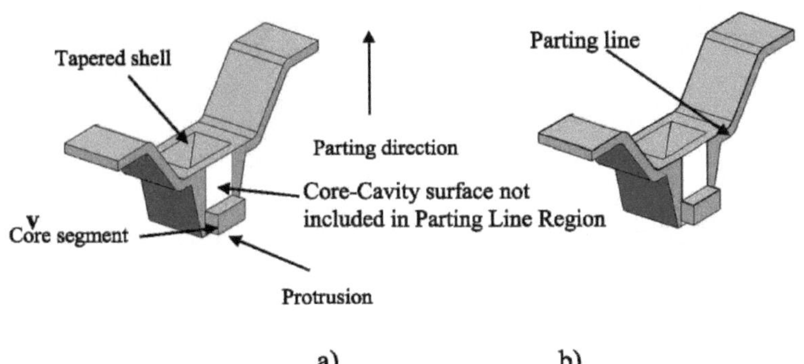

a)   b)

Figura 7.1: (a) Regiões da linha de partição apresentadas a azul para a Parte 1 do Exemplo (b) Linha de partição gerada para a Parte 1 do Exemplo

A peça de exemplo n.º 2, juntamente com a direção de corte selecionada, é ilustrada na Figura 7.2. Para esta peça, as regiões moldadas no núcleo foram mostradas a cinzento claro, as regiões moldadas na cavidade foram mostradas a cinzento escuro e os cortes inferiores foram mostrados a roxo. As regiões das linhas de partição foram representadas a azul.

Na Figura 7.2, as arestas comuns das facetas moldadas no núcleo e na cavidade estão representadas a azul e estas arestas funcionam como segmentos da linha de partição. A geração da linha de partição começa nas arestas comuns das facetas moldadas do núcleo e da cavidade, que são armazenadas como um segmento de linha de partição. Os pontos finais deste segmento de linha de partição servem como ponto de partida da linha de partição em regiões de linha de partição adjacentes.

 Este segmento de linha de partição é percorrido horizontalmente nas regiões de linha de partição para gerar uma linha de partição. A linha de partição para a peça de exemplo n.º 2 é apresentada na Figura 7.3.

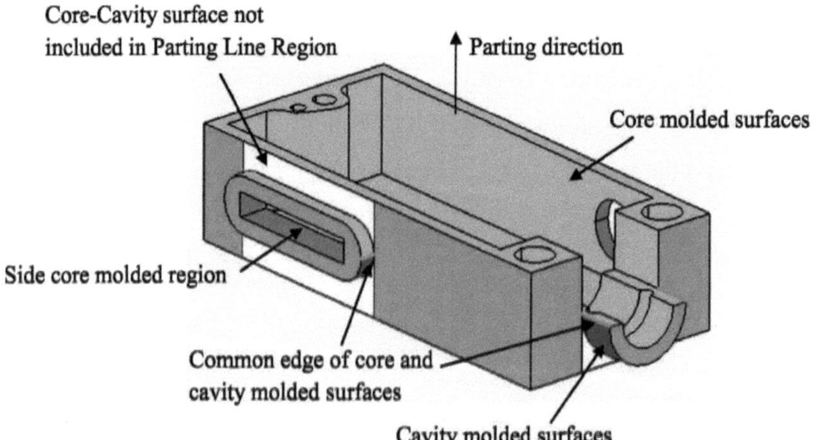

Figura 7.2: Região da linha de partição para a parte 2 do exemplo

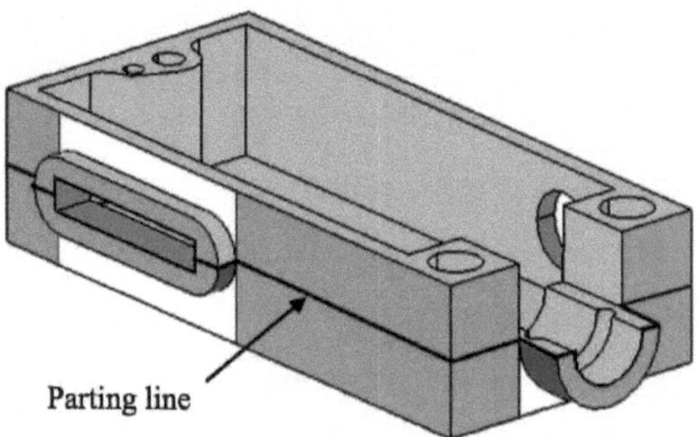

Figura 7.3: Linha de separação para a parte 2 do exemplo

Verificou-se que os resultados do sistema estão em linha com os obtidos na indústria.

CAPÍTULO 8
Conclusões

Este livro apresenta um sistema para a determinação automática da linha de partição. O sistema tem como objetivo reduzir o esforço do engenheiro de fundição no processo de conceção da matriz. O sistema proposto utiliza o raciocínio geométrico juntamente com a base de conhecimentos do processo de fundição injetada para determinar a linha de partição das peças fundidas. O sistema para a determinação automatizada da linha de partição de peças fundidas consiste em três módulos principais, nomeadamente: identificação de cortes inferiores, determinação da região da linha de partição e seleção da linha de partição. O diagrama de fluxo de informação para todos os módulos é apresentado. A arquitetura do sistema do algoritmo proposto também foi discutida. Os resultados obtidos quando este sistema foi aplicado para determinar a linha de corte de duas peças industriais também foram apresentados e discutidos. Os resultados obtidos foram verificados na indústria, o que mostra que o sistema desenvolvido é de relevância industrial.

O sistema apresentado neste livro é melhor do que os sistemas disponíveis na literatura. Foi proposto um novo método de identificação de características de corte inferior. O sistema é capaz de gerar linhas de partição para as peças em que também estão presentes características de rebaixamento. Foi introduzida uma metodologia para a identificação da região da linha de partição, que é útil para lidar com superfícies que são paralelas à direção de partição. A utilização da região da linha de partição torna o sistema bastante próximo da prática industrial, facto que tinha sido ignorado na literatura anterior. As características de saliência também foram tratadas pelo sistema de acordo com a prática da indústria. A divisão das linhas de corte quando estas encontram um corte inferior também foi considerada. Assim, o sistema proposto fornece uma solução para a identificação da linha de partição, que se baseia na prática industrial.

O sistema proposto também é capaz de lidar com superfícies de forma livre. O tempo de execução do sistema varia consoante a complexidade do modelo, que é de alguns segundos a alguns minutos. No entanto, o sistema proposto não é capaz de tratar saliências múltiplas numa superfície de cavidade central e saliências de forma livre. O sistema pode ainda ser melhorado explorando a possibilidade de ter várias linhas de partição e seleccionando a mais adequada. O efeito da direção de corte na determinação de diferentes linhas de corte também pode ser considerado. Os autores estão a trabalhar para melhorar o sistema neste sentido.

CAPÍTULO 9
Referências

1. J.Y.H. Fuh, S.H. Wu. K.S. Lee, Development of a semi-automated die casting die design system, Proc Instn Meeh Engrs 216 (B) (2002) 1575- 1588.

2. S.H. Wu, J.Y.H. Fuh, K.S. Lee, Projeto paramétrico semi-automatizado de sistemas de gating para fundição injectada 53(2) (2007) 222-232.

3. R, Singh e J, Madan, Abordagem sistemática para a determinação automática da linha de corte para peças fundidas, Robotics and Computer Integrated Manufacturing 29 (2013), 346-366.

4. T. Wong, S.T. Tan, W.S. Sze, Parting line formation by slicing a 3D CAD model, Engineering with Computers 14 (1998) 330-343.

5. P. Chakraborty, N.V. Reddy, Automatic determination of parting directions, parting lines and parting surfaces for two-piece permanent moulds, Journal of Materials Processing Technology. 209 (2000) 2464- 2476.

6. K.C. Hui, S.T. Tan, Mould design with sweep operations- a heuristic search approach, Computer-Aided Design, 24 (2) (1992) 81-92.

7. Y.H. Chen, Determinação da direção de corte com base na caixa de ligação mínima e na lógica difusa, Int. Journal of Machine Tools and Manufacture. 37 (9) (1997) 1189-1199.

8. Zhou-Ping Yin, Han Ding, You-Lun Xiong, Mouldability analysis for near net shaped manufacturing parts using freedom cones, Int J Adv Manuf Technol, 16 (2000) 169-175.

9. Alok K. Priyadarshi, Satyandra K. Gupta, Geometric algorithms for automated design of multi-piece permanent molds, Computer-Aided Design 36 (2004) 241- 260.

10. R. Khardekar, G. Burton, S. McMains, Finding feasible mold parting directions

using graphics hardware, Computer-Aided Design 38 (2006) 327-341.

11. M.W. Fu, J.Y.H. Fuh, A.Y.C. Nee, Geração de uma direção de corte óptima com base nas características do rebaixo em peças moldadas por injeção, IIE Transactions 31 (1999) 947-955.

12. H.Y. Lu, W.B. Lee, Detection of interference elements and release directionin die-cast and injection-moulded components, Proc Instn Meeh Engrs 214 (1999) 431-441.

13. X.G. Ye, J.Y.H. Fuh, K.S. Lee, Reconhecimento automático de características de corte inferior para a conceção de núcleos laterais de moldes de injeção, J. Meeh. Des. 126 (3) (2004) 519-526.

14. Zhou-Ping Yin, Han Ding, Han-Xiong Li, You-LunXiong, Análise de moldabilidade geométrica por raciocínio geométrico e tomada de decisão difusa, Computer-Aided Design 36 (1) (2004) 37-50.

15. A.Y.C. Nee, M.W. Fu, J.Y.H. Fuh, K.S. Lee, Y.F. Zhang, Determination of optimal parting directions in plastic injection mold design, Annals of the CIRP. 46 (1) (1997) 429-432.

16. Chunjie Zhang, Xionghui Zhou, Congxin Li, Extração de características de peças moldadas de forma livre para análise de moldabilidade, Int J Adv Manuf Technol 48 (2010) 273-282.

17. R. Bassi, N.V. Reddy, S. Bedi, Automatic recognition of intersrseting features of side core design in two piece permaneent molds, Int J Adv Manuf Technol 50 (2010) 421-439.

18. B. Ravi, M.N. Srinivasan, Decision criteria for computer-aided parting surface design, Computer-Aided Design. 22 (1) (1990) 11-18.

19. S.T. Tan, MF Yuen, W.S. Sze, K.W. Kwong, Parting lines and parting surfaces of injection moulded parts, Proceedings of the Institution of Mechanical Engineers, Part B: Journal of Engineering Manufacture 1989- 1996 (vols 203-

210).

20 M. Weinstein, S. Manoochehri, Optimum parting line design of molded and cast parts for manufacturability, Journal of Manufacturing Systems. 16(1) (1997) 1-12.

21 J. Majhi, P. Gupta, R. Janardan, Computing a flattest, undercut free parting line for a convex polyhedron, with application to mold design, Computational Geometry. 13 (1999) 229-252.

22 A.Y.C. Nee, M.W. Fu, J.Y.H. Fuh, K.S. Lee, Y.F. Zhang, Automatic determination of 3-D parting lines and surfaces in plastic injection mould design, Annals of CIRP. 47 (1) (1998), 95-98.

23 M.W. Fu, A.Y.C. Nee, J.Y.H. Fuh, A aplicação da visibilidade da superfície e da moldabilidade à geração de linhas de partição, Computer-Aided Design. 34 (6) (2002) 469-480.

24 Zhiqiang Zhao, J.Y. H. Fuh, A.Y.C. Nee, Um método de corte híbrido baseado no algoritmo de crescimento de superfície iterativo e na moldabilidade geométrica, Computer-Aided Design & Applications, 2007.

25 Weishi Li, Ralph R. Martin, Frank C. Langbein, Generating Smooth Parting Lines for Mold Design for Meshes, Actas do simpósio ACM sobre modelação sólida e física. (2007) 193-204.

26 J. Madan, P.V.M. Rao, T.K. Kundra, Die-casting feature recognition for automated parting direction and parting line determination, Journal of Computing and Information Science in Engineering. 7 (3) (2007) 236- 248.

27 N. Kumar, R. Ranjan, M.K. Tiwari, Recognition of undercut feature and parting surface of moulded parts using polyhedron face adjacency graph, International Journal of Advanced Manufacturing Technology. 34 (1-2) (2007) 47-55.

28 R. Khardekar e S. McMains, Efficient computation of a near-optimal primary parting line, Conferência Conjunta sobre Modelação Geométrica e Física (SPM

'09). (2009) 319-324.

29 Donald Hearn, M. Pauline Baker, Computer Graphics, 2nd Edition (2008), Pearson Education,New Delhi.

Printed by Books on Demand GmbH, Norderstedt / Germany